BEI GRIN MACHT SICH IHR WISSEN BEZAHLT

- Wir veröffentlichen Ihre Hausarbeit,
  Bachelor- und Masterarbeit

- Ihr eigenes eBook und Buch -
  weltweit in allen wichtigen Shops

- Verdienen Sie an jedem Verkauf

Jetzt bei www.GRIN.com hochladen und kostenlos publizieren

Bibliografische Information der Deutschen Nationalbibliothek:

Die Deutsche Bibliothek verzeichnet diese Publikation in der Deutschen National-
bibliografie; detaillierte bibliografische Daten sind im Internet über http://dnb.d-
nb.de/ abrufbar.

Impressum:

Copyright © 2015 GRIN Verlag, Open Publishing GmbH
Druck und Bindung: Books on Demand GmbH, Norderstedt Germany
ISBN: 9783668355781

Dieses Buch bei GRIN:

http://www.grin.com/de/e-book/345459/magersucht-welche-anzeichen-verweisen-
auf-eine-magersucht-und-mit-welchen

Alina Kruse

Magersucht. Welche Anzeichen verweisen auf eine Magersucht und mit welchen Ursachen und Folgen geht diese einher?

GRIN Verlag

BBS I Emden, Fachoberschule

Gesundheit und Soziales

Magersucht:

Welche Anzeichen verweisen auf eine Magersucht

und mit welchen Ursachen und Folgen

geht diese einher?

Facharbeit

im Fach Biologie

Leer, 25.11.2015

Inhaltsverzeichnis

1. Einleitung

Die Kernthematik meiner Facharbeit, welche ich im Fach Biologie schreibe, bezieht sich auf die typischen Anzeichen sowie Ursachen und Folgen einer Magersucht. Ich habe dieses Thema gewählt, da diese Krankheit weit verbreitet ist. Viele junge Menschen unterliegen immer mehr dem Druck, der Perfektion der Gesellschaft standhalten zu müssen. Sie werden geprägt von Schönheitsidealen, Models und Stars, die jede Woche eine neue Diät ausprobieren, um noch schlanker zu werden. Aufgrund dessen machen es sich viele Jugendliche zum Ziel, es ihren Vorbildern gleich zu tun. In manchen Fällen jedoch endet es in einer Essstörung. Aber auch psychische Gründe oder emotionaler Stress können Auslöser einer solchen Erkrankung sein.

Am Anfang werde ich genauer auf den Begriff „Magersucht" eingehen und diesen näher erläutern. Dabei werde ich ebenfalls die verschiedenen Formen und die für eine solche Erkrankung typischen Anzeichen aufzeigen. Dies ist erforderlich, um das Thema der Facharbeit in seiner ganzen Breite darstellen zu können. Des Weiteren gehe ich auf die Ursachen einer Magersucht ein. Hierzu möchte ich veranschaulichen, welche Rolle gesellschaftliche, individuelle und familiäre Faktoren bei einer solchen Erkrankung spielen.

Danach stelle ich ausführlich die Folgen einer Magersucht dar. Hier erläutere ich, welche Schädigung der Körper erleidet und was diese Erkrankung mit der Psyche der Betroffenen anstellt.

Abschließend werde ich mittels eines Fazits die gesamte Thematik noch einmal kurz zusammenfassen, um die Gesamtdarstellung abzurunden. Hierzu entnehme ich meine Informationen aus speziell für diese Thematik gewählten Fachbüchern. Des Weiteren generiere ich weitere Informationen aus entsprechenden Internetseiten.

Im Anhang befinden sich Bilder, welche zur Veranschaulichung dieser Arbeit dienen sollen. Diese sind jeweils mit dem Text verknüpft und dementsprechend gekennzeichnet

2. Der Begriff „Magersucht"

„Magersucht (Anorexia Nervosa griech./lat.: nervlich bedingte Appetitlosigkeit) ist die am längsten bekannte Ess-Störung" (Gerlinghoff/Backmund 2007, S.13).
Sie ist eine meistens in der Pubertät oder Adoleszenz beginnende primäre psychische Essstörung. Bei dieser nimmt die betroffene Person zwischen 15 und 25 % des Idealgewichtes ab, wiegt also nur noch zwischen 75 und 85% des Normalgewichts (vgl. Feiereis (Hrsg) u.a, 1989, S.16).

Unter den erkrankten Personen findet man häufig Menschen mit einem suchtartigen Charakter. So fehlt zum Beispiel die Einsicht zur Erkrankung oder diese wird verleugnet. Die in den meisten Fällen selbst herbeigeführte Gewichtsabnahme beruht auf dem unbezwingbaren Wunsch abzunehmen, egal wie und mit welchen Mitteln auch immer (vgl. a.a.O.).

Magersucht ist viel mehr als der Wunsch, schlank zu sein. Es ist ein Wahn. Und die Zahl der Betroffenen nimmt drastisch zu (vgl. George, C. 2015, S.23). Ein typisches Anzeichen für diese Erkrankung ist, dass die Betroffenen ein gestörtes Selbstbild haben. Sie empfinden sich selbst als viel zu dick und haben große Angst vor der Gewichtszunahme. Um diese zu verhindern, meiden sie jegliche Art von dickmachenden Speisen oder erzwingen die Gewichtsabnahme und -erhaltung durch selbstinduziertes Erbrechen, die Einnahme von Appetitzüglern, Abführ- oder harntreibenden Mitteln oder treiben extensiv Sport.

(vgl. Hautzinger/Thies 2009, S.110f). Zudem wird die Krankheit über lange Zeit verleugnet oder minimalisiert, die betroffene Person ist uninteressiert an einer Behandlung oder lehnt diese komplett ab. Selbst die kleinste Gewichtssteigerung kann zu panikartigem Verhalten führen.

Trotz ihrer stark abgemagerten Figur geben die Betroffenen an, eine normale Figur zu haben oder empfinden sich sogar als zu dick. Körpersignale, wie zum Beispiel Hunger, werden ignoriert, fehlinterpretiert oder geleugnet. So führt die kleinste Nahrungsaufnahme schon zu einem extremen Sättigungsgefühl. Betroffene reagieren zudem empfindlich gegenüber Kälte. Kennzeichnend ist auch, dass die Erkrankten sich exzessiv mit dem Thema „Essen" beschäftigen. Sie lesen stundenlang Rezeptbücher, lernen diese auswendig und bereiten umfangreiche Speisen für andere zu (vgl. Reinecker 1998, S. 418f.). Laut dem Bundesfachverband für Essstörungen erkranken vermehrt Jugendliche und Frauen zwischen 30 und 50 Jahren an Magersucht. Erschreckenderweise sprechen bereits schon Zwölfjährige von ihren „Problemzonen" (vgl. George, C. S.23). Aktuell ist oder war etwa eine von 100 Personen im Laufe ihres bisherigen Lebens an Magersucht erkrankt, das sind ungefähr 0,3 – 1,2% (siehe Abbildung 1 im Anhand, Seite 17).

Bei zusätzlich zwei bis drei Personen, das sind 2,4%, tritt eine sogenannten atypische Magersucht auf. Bei dieser werde diagnostische Kriterien nicht vollends erfüllt (vgl. www.psychnet.de, 19.10.2015).

2.1 Formen und typische Anzeichen der Magersucht

Unterschieden wird von Experten zwischen zwei Formen der Magersucht:

1) **Restriktive Anorexia nervosa:** Bei dieser Form versuchen die Betroffene auf unterschiedliche Art und Weise abzunehmen. Sie hungern, treiben exzessiv Sport oder unterwerfen sich strengen Diäten, bis sie lebensbedrohlich dünn geworden sind. Sie meiden kalorienreiche Lebensmittel, ziehen sich absichtlich wenig an, damit sie durch

Frieren noch mehr Energie verbrennen oder sie rauchen, um den Stoffwechsel anzuregen.

2) **Purging-Typ (oder auch bulimische Form der Magersucht):** Betroffene aus dieser Gruppe versuchen zusätzlich zu den oben genannten Punkten, aktiv ihr Gewicht zu reduzieren. Dies geschieht durch den Missbrauch von Abführmitteln oder selbstinduziertes Erbrechen. (z.B nach Heißhungerattacken mit Essanfällen)

Der Begriff "Purging-Typ" wird von Medizinern von dem englischen Wort "to purge" = „abführen" abgeleitet und auch die bulimische Form der Anorexie genannt. Patienten aus dieser Gruppe haben ausgeprägtere negative körperliche Folgen der Krankheit zu befürchten. Die Prognose ist bei dieser Gruppe etwas schlechter als bei der ersten (vgl. www.apotheken-umschau.de, 19.10.2015) .

Folgende Anzeichen können auf eine Erkrankung hinweisen:

- **Verzerrtes Selbstbild:**
  An Magersucht erkrankte Personen glauben trotz ihres extremen Untergewichts noch immer, sie seien zu dick. Sie nehmen ihren Körper verzerrt wahr (siehe dazu bitte im Anhang, Seite 18 Bild 2). Als großen Kritikpunkt empfinden die Betroffenen besonders die Oberschenkel, den Bauch, aber auch die Hüften und Arme. Die Betroffenen sehen dort weiterhin störende Fettpolster, wo längst keine mehr sind.
- **Angst vor der Gewichtszunahme:**
  Betroffene haben panische Angst vor der Gewichtssteigerung. Sie kontrollieren ihr Gewicht oft mehrmals am Tag und wiegen jedes Lebensmittel genau ab, sie studieren stundenlang die Nährwerttabellen und kennen zahlreiche davon auswendig, ebenso zählen sie akribisch Kalorien.
- **Auffällige Essrituale:**
  Besonders auffällig ist, dass an Magersucht erkrankte Personen sehr langsam essen. Sie "stochern" im Essen herum, trinken sehr viel Wasser, um den Magen zu füllen oder folgen selbsterdachten Essritualen. Viele Erkrankte essen nur noch ungern in Gegenwart anderer oder bekochen Freunde und Familienangehörige ohne selbst zuzugreifen.
- **Alle Gedanken drehen sich nur noch um das Gewicht und Essen:**
  Leben und die Gedanken der an Magersucht erkrankten Personen werden beherrscht von "Gewicht", "Kalorien" und "Essen". Viele ziehen sich aus dem sozialen Leben zurück , entfernen sich von Freunden und vernachlässigen andere Interessen. (vgl. a.a.o.).
- **Zu niedriges Körpergewicht:**

Der BMI beträgt 17,5 oder weniger

- **Ausbleiben der Monatsblutung** (vgl. Gerlinghoff/Backmund 2007, S.13)

Zusammenfassend lässt sich sagen, dass es ihr Ziel ist es, den perfekten Körper zu erlangen. Gut oder großartig reicht ihnen keinesfalls aus. Betroffene leugnen, gefährlich dünn zu sein.

Sie beschrieben sich aufgrund ihrer gestörten Selbstwahrnehmung immer noch als normalgewichtig oder gar als zu dick. Verstärkt wird das Ganze durch die extreme Angst, an Gewicht zuzulegen. Jedes Gramm löst eine Katastrophe aus. Betroffene beschäftigen sich ausgiebig mit dem Thema Essen und registrieren jede Kleinigkeit, die sie zu sich nehmen. Ihr Leben wird bestimmt von „Essen" und unterschiedlichsten Diäten. An Magersucht erkrankte Personen kontrollieren exzessiv ihr Gewicht. So wiegen sie sich beispielsweise mehrmals täglich, markierten Gürtel oder Maßbänder, probieren fabrikneue Hosen in bestimmten Größen in Bekleidungsgeschäften an, ohne diese jemals zu kaufen oder waschen ihre Kleidung, mit der sie ihr Gewicht kontrollieren, kalt oder nie, um so eine Größenänderung durch das Waschen zu vermeiden. Sie treiben übermäßig viel Sport, um ihr Gewicht zu halten oder noch mehr zu reduzieren. Dies tun sie auch, wenn sie verletzt, erschöpft oder krank sind. Physische Anzeichen verdeutlichen die durch die Mangelernährung verlangsamte Körperfunktion. So setzt bei Frauen die Regelblutung aus und Männer werden diesbezüglich impotent. Mit dem Sinken der Körpertemperatur, werden auch Haare und Nägel zunehmend brüchiger und die Haut beginnt auszutrocknen. In der Anfangsphase dieser Erkrankung ist es für Außenstehende schwer, diese als eine ernstzunehmende Essstörung zu erkennen. Einem medizinischen Maßstab zufolge kann eine Person mit einem Body-Mass-Index (BMI) von weniger als 17,5 bereits als magersüchtig eingestuft werden (vgl. www.magersucht-online.de, 19.10.2015).

3. Die Ursachen der Magersucht

Bei der Entstehung einer Magersucht, die oft in der Pubertät in Erscheinung tritt, spielen psychische Ursachen eine große Rolle. Jedoch können auch die Essgewohnheiten in der Familie sowie individuelle und gesellschaftliche Faktoren ausschlaggebend für die Entstehung einer solchen Erkrankung sein.

Diesbezüglich äußern sich die „Apotheken-Umschau", Hautzinger, Thies und Clasen („onmeda") folgendermaßen zu den oben genannten Faktoren:

3.1 Gesellschaftliche Faktoren

„Die Idealfigur der Frau wurde in den letzten 50 Jahren immer dünner" (Hautzinger/Thies 2009, S.114). Oftmals sind gesellschaftliche Faktoren schuld daran, dass immer mehr junge Mädchen und Frauen an Magersucht erkranken. Sie werden geprägt von Models, welche die Idole vieler Menschen sind. Diese wiegen deutlich weniger als der Durchschnitt gleichaltriger junger Frauen.

Bevor die Bilder solcher Models jedoch in Zeitschriften oder auf Plakaten erscheinen, werden sie am Computer noch schlanker und langbeiniger gemacht (vgl. www.apotheken-umschau.de, 19.10.2015) . Der Gesellschaft wird durch Werbung und Medien der Eindruck vermittelt, dass man nur erfolgreich und attraktiv sein kann, wenn man extrem schlank ist. Jugendliche werden von diesen Einflüssen geprägt und beginnen immer mehr darauf zu achten, was und wie viel sie essen. Sie kontrollieren ihren Speiseplan und verlieren allmählich das Gespür für ein natürliches Essverhalten, Hunger und Sättigkeitsgefühl. Zudem unterstützen diverse Sportarten und Berufe die Entstehung einer solche Erkrankung. Besonders solche wie Ballett, Eiskunstlauf oder Skispringen verlangen nach einen niedrigen Körpergewicht. Die Model-Berufe stehen nicht wenig überraschend an oberster Stelle der Traumberufe junger Mädchen. Es besteht ein großes Risiko, in eine Magersucht zu rutschen (vgl. a.a.O.). Zwar ist das Durchschnittsgewicht der Gesellschaft durch das Übermaß an unterschiedlichen Nahrungsangeboten, Schnellrestaurants und dem Vorhandensein eines relativen Wohlstands angestiegen, jedoch hat sich gleichzeitig das Schönheitsideal seit Anfang der 1960er Jahre immer weiter in Richtung eines sehr schlanken, fast dürren Körpers entwickelt. Aufgrund dessen hat besonders Übergewicht eine negative Ausstrahlung auf die Gesellschaft. Gerade junge Frauen, die erst ein Gefühl für ihren sich in der Pubertät verändernden Körper entwickeln müssen, können durch dieses Schlankheitsideal stark verunsichert werden. Ebenso spielen psychologische Faktoren und Persönlichkeitsmerkmale eine große Rolle (vgl. www.onmeda.de , 23. April 2015).

3.2 Psychologische Faktoren und Persönlichkeitsmerkmale

Dass Magersucht häufig schon in der Pubertät beginnt, ist inzwischen weithin bekannt. Diese kann ein deutliches Anzeichen dafür sein, dass Betroffene sich den Anforderungen der Lebensphase, in welcher sie sich gerade befinden, nicht gewachsen fühlen. Ebenso fördert der höhere Energie- verbrauch und Körperfettanteil bei Frauen den Einstieg in Diäten und damit den Ausbruch einer Essstörung. Psychoanalytische Theorien sehen in der Magersucht den unbewussten Wunsch, eine Kindesgestalt beizubehalten. Dabei werden sexuelle Wünsche unterdrückt, um die Entwicklung vom Kind zum Erwachsen zu bremsen. Jedoch kann auch die eigene Familie ein Grund für die Entwicklung einer Magersucht sein. Die Betroffen werden teilweise sehr stark von ihren Eltern behütet, dabei werden Konflikte gemieden, da ein großes Harmoniebedürfnis besteht. Gleichzeitig setzen die Eltern jedoch sehr hohe Erwartungen in ihren Nachwuchs und bringen diesen damit unter Druck. An Magersucht erkrankte Personen legen oft ein angepasstes, introvertiertes Verhalten an den Tag und neigen zum Perfektionismus. Viele habe auch Schwierigkeiten damit zu spüren, wie es ihrem Körper geht. So merken sie zum Beispiel nicht, dass sie müde sind, ebenso können sie keinen Schmerz verspüren. Oftmals sind schwere Traumata, wie zum Beispiel sexueller

Missbrauch ein weiterer Grund für den Ausbruch einer solchen Krankheit (vgl. www.onmeda.de, 19.10.2015). Ebenso können familiäre Faktoren, wie zum Beispiel ein bestimmtes Essverhalten in der Familie ein weiterer ausschlaggebender Punkt für die Entwicklung dieser Erkrankung sein.

3.3 Familiäre Faktoren (Essgewohnheiten in der Familie)

Häufig finden sich in den Familien von Magersüchtigen bestimmte Verhaltensmuster wieder. Die betroffenen Mädchen werden von ihren Eltern oft so stark behütet, dass in der Familie auch keine angemessene Reaktion auf die Entwicklung des Kindes zur Frau existiert (vgl. www.onmeda.de, 19.10.2015). Ebenso kann die Einstellung zu bestimmten Nahrungsmitteln und Essgewohnheiten der Familie ein weiterer wichtiger Punkt sein. Eltern, sowie Geschwister und Verwandte, können als ein Modell dafür dienen, wie mit Lebensmitteln umgegangen wird. Beispielsweise werden tatsächliche oder vermeintlich "dickmachende" Lebensmittel gemieden. So wird der Verzehr von Obst und Gemüse besonders groß geschrieben und der Verzehr von Fleisch, Wurst oder Butter strikt abgelehnt oder weitgehend vermieden. Ungeachtet dessen ist jedoch gerade eine ausgewogene Ernährung mit entsprechendem und ausreichend hohen Fett- und Proteinanteil besonders wichtig für die gesunde Entwicklung im Kindes- und Jugendalter. Viele werden auch von dem geprägt, wie die Familie zur körperlichen Fitness steht. Steht die gesunde Ernährung, das Gewicht oder eine hohe sportliche Aktivität im Vordergrund, so spielt das eine große Rolle in der Entwicklung der eigenen Überzeugung von dem, was schön und attraktiv ist (vgl. a.a.O.). Abschließend kann man jedoch sagen, dass es keinesfalls die typische "anorektische" Familie gibt. Es müssen viele Faktoren zusammen kommen. So kann zum Beispiel die Tochter oder der Sohn eines Arztes genauso an Magersucht erkranken wie das Kind eines einfachen Maurers. Wird die Magersucht zu spät erkannt, verleugnet oder durch eine Therapie nicht rechtzeitig behandelt, können mit der Zeit schwerwiegende Folgen einhergehen. Dabei können die Betroffenen psychische sowie physische Schäden davontragen.

4. Folgen einer Magersucht

Eine Essstörung kann erhebliche Folgen mit sich führen. Dabei leidet die betroffene Person nicht nur unter physischen, sondern auch unter psychischen Schädigungen (Komorbiditäten). Wird die Krankheit zu spät erkannt und behandelt oder gar verleugnet, führt diese im Zusammenschluss dieser Faktoren zur völligen Isolation dieser Person. Im Langzeitverlauf endet diese Krankheit für bis zu zehn Prozent der Betroffenen tödlich, sei es durch medizinische Komplikationen oder durch Suizid (vgl. George, C. 2015 S. 23). (Siehe bitte Seite 17, Abbildung 1b)

4.1 Physische Folgen einer Magersucht

Die Unterernährung, welche aus der Magersucht unvermeidbar hervorgeht, führt zu einer Veränderung von Verhalten und Persönlichkeit der Betroffenen

(vgl. Hautzinger/Thies 2009, S.116). So zeigen Persönlichkeitstests, dass Magersüchtige ein perfektionistisches Verhalten aufweisen. Sie sind schüchtern, emotional labil, isolieren sich von anderen und zeigen ein geringes Selbstwertgefühl (vgl. a.a.O.). Ist die betroffene Person erst einmal in die Krankheit hineingerutscht, werden bereits in der Anfangsphase dieser Erkrankung einige Störungen der körperlichen Funktion deutlich. So heißt es zum Beispiel laut Hautzinger, dass es schon am Anfang einer Magersucht zu einer Verzögerung der körperlichen Entwicklung kommt. Ebenso führt die durch eine Magersucht verbundene Mangel- und Fehlernährung bei Erwachsenen zu zahlreichen körperlichen Folgen. So senkt sich zum Beispiel der Blutdruck und der Puls, was letztlich zu einer Blutarmut führt. Betroffene leiden häufig unter Magen- und Darmproblemen. Sie klagen über Knochenschwund, trockene Haut und Haarausfall. Ebenso kommt es zu einer Störung des Elektrolytenhaushalts, dies führt zu Müdigkeit, Schwäche und Herzrhythmustörungen. Gleichermaßen nimmt die die Hirngröße ab , was wiederum zu Konzentrationsschwierigkeiten tuhrt (vgl. Hautzinger/Thies 2009, S. 111).

In den meisten Fällen sinkt bei an Magersucht erkrankten Personen der Spiegel der Geschlechtshormone ab. So setzt beispielsweise bei weiblichen Betroffenen die Menstruation aus.

Diese normalisiert sich jedoch, sobald sich das Gewicht wieder im Normalbereich befindet. Betroffene verlieren zudem das Interesse an Sexualität. Männliche Betroffene leiden diesbezüglich an Potenzstörungen. Da Betroffene die Nahrungsaufnahme stark reduzieren, kommt es zu Verstopfungen. Ebenso bewirkt der Energiemangel, dass Betroffene sehr schnell frieren. Ihr Körper schaltet auf Sparflamme. Hierbei sinkt nicht nur die Körpertemperatur, sondern auch der Blutdruck. Infolgedessen verlangsamt sich auch der Herzschlag. Erhält der Körper über eine längere Zeit zu wenig Nährstoffe, gerät das Wachstum und die Entwicklung ins Stocken.

Tritt dies mit einem Mangel an Kalzium, Phosphat und Vitamin D in Verbindung, so kommt es zu einer Störung des Knochenstoffwechsels. Die Folge ist Osteoporose. Hierbei werden Knochen brüchig und sind weniger belastbar als im gesunden Zustand. Unter diesen Mangelversorgungen leidet ebenfalls das Immunsystem. Die betroffene Person ist viel anfälliger für Infektionen, wie beispielsweise für eine Erkältung oder Grippe. Diese Erkrankungen können bei einer schweren Magersucht zum Tode führen (vgl. www.apotheken-umschau.de, 19.10.2015). Lässt die betroffene Person sich regelrecht verhungern oder die Behandlung nicht rechtzeitig beginnen, so kann dieses lebensbedrohlich enden. Heutzutage sterben 15% der an Magersucht Erkrankten infolge ihrer Abmagerung oder durch Selbstmord (vgl. Bartens, Werner (Hrsg) u.a., 2002, S.703). Die Erkrankten werden oft als äußerlich greisenhaft beschrieben. Dabei wird die Haut trocken, schilfig grau und schuppig. Betroffene leiden unter Haarausfall und es kommt zu einer flaumigen, den ganzen Körper bedeckenden Behaarung. Finger- und Fußnägel werden mit der Zeit brüchig, ebenso kann ein hochgradiger Muskelschwund festgestellt werden. Dadurch, dass der Körper als Folge von Bradykardie (verlangsamte Herztätigkeit) auf Sparflamme schaltet, treten Gefäßkrämpfe in den Gliedmaßen (Hände, Füße, Nase) auf, was wiederum zu einer bläulichen Verfärbung der Haut führt. Diesbezüglich können Durchblutungsstörungen, Schwäche, Kreislaufprobleme oder gar Herzversagen eine weitere Folge darstellen (vgl. Delsen 1997, S. 34f.).

(Siehe im Anhang, Seite 19 - Abbildung 3) Da Kinder eine vergleichsweise geringere Fettmasse besitzen, bringt eine im frühen Kindesalter ausbrechende Magersucht meist schwerwiegendere Folgen mit sich als eine im Jugend- oder Erwachsenenalter beginnende Erkrankung. Der Körper unterlässt alles, was einen zusätzlichen unnötigen Gewichtsverlust darstellt, da er die Gewichtsabnahme als Notsituation einschätzt. Bei erkrankten Kindern vor der Pubertät oder der ersten Regelblutung verzögert sich die körperliche Entwicklung. So wird zum Beispiel das Wachstum oder die Hirnreifung stark beeinträchtigt (vgl. www.onmeda.de, 19.10.2015).

4.2 Psychische Folgen einer Magersucht

Magersucht ist die psychische Erkrankung mit der wohl höchsten Sterblichkeitsrate. Betroffene Personen leben ein Leben voller Ängste und Zwänge, aber auch Ehrgeiz (vgl. George, C. S.23). Zudem leiden diese oft an Depressionen und Suizidgedanken. So lassen sie sich schnell reizen und ziehen sich weitestgehend zurück , isolieren sich also vollständig von Freunden und anderen sozialen Aktivitäten. Ebenso nimmt die Konzentrations- und Leistungsfähigkeit stark ab (vgl. www.schoen-kliniken.de, 20.10.2015). Betroffene verlieren zusammengefasst also die Freude am Leben und jegliches Interesse an der Umwelt. Tragischerweise lassen sich Essstörungen nur schwer behandeln, da diese oft psychosozialen Ursprungs sind (vgl. Hautzinger/Thies 2009, S. 118). Zu Depressionen kommt es bei den Betroffenen, weil sie einerseits glauben, ihre Ziele nicht erreichen zu können. Andererseits kann aber auch die Mangelernährung, besonders in Verbindung mit dem Eiweißstoffwechsel ein ausschlaggebender Punkt für den Ausbruch einer Depressionen sein. Dadurch, dass sich die Betroffenen von ihrer Umwelt isolieren und sich nur noch mit sich selbst beschäftigen, gibt es für sie keinerlei Möglichkeit, dem zu entfliehen. Zudem verstärken massive Versagens- und Verlustängste diese Faktoren und enden folglich in Suizidgedanken (vgl www.magersucht-info.de, 20.10.2015). Psychische und physische Faktoren führen letztendlich in einen gemeinsamen Prozess, der sich keinesfalls mittels gutem Zureden oder binnen kurzer Zeit umkehren lässt. Die Betroffenen gelangen in einen sogenannten Teufelskreis (siehe Anhang, Seite 20, Abbildung 4), in welchem die psychischen und physischen Veränderungen dafür sorgen, dass die Angst vor dem Dicksein immer verheerender wird und das Essen immer weiter eingestellt wird, bis die Nahrungsaufnahme letztendlich vollkommen verweigert wird (vgl. www.c-d-k.de, 20.10.2016). Die durch das restriktive Essen entstehenden körperlichen Mangelerscheinungen beeinträchtigen die Körperwahrnehmung und das Hunger-Sattheits-Gefühl extrem. Die Wahrnehmungsstörungen führen zu einer Fehlinterpretation des eigenen Körpers. Die Betroffenen fühlen sich selbst dann zu dick, wenn sie lebensbedrohlich dünn geworden sind. Die Folge: Weitere Einschränkung der Nahrungsaufnahme. Zudem löst das verminderte Hunger-Sattheits-Gefühl extreme Ängste eines Kontrollverlustes über das Essen bei den Betroffenen aus. Bei einigen Erkrankten kommt es diesbezüglich tatsächlich zu spontanen Heißhungerattacken und Fressanfällen. In Folge dessen wird die Angst vor dem Dickwerden noch größer, was zur weiteren Einstellung des Essverhaltens führt. Einige Betroffene setzen zusätzliche Maßnahmen wie Erbrechen oder Abführmittel ein, um noch mehr Gewicht zu verlieren. Die körperlichen Mangelerscheinungen verstärken sich, der Teufelskreis schließt sich. Hinzu kommen Belohnungseffekte, sowohl für das restriktive Essen (Erfolg und Kontrolle erleben, Anerkennung) als auch für die vom Stress ablenkenden Fressanfälle. Diese beruhigen und erleichtern die betroffene Person für eine kurze Zeit (vgl. a.a.O).

Das Problem bei einer Essstörung wie der Magersucht ist, dass man das Essen im Gegensatz zu anderen Süchten, wie beispielsweise den Alkohol bei einer Alkoholsucht, nicht einfach weglassen kann. Denn zwangsläufig wird man überall mit dem Thema „Esssen" konfrontiert. Betroffene leiden sehr unter dieser Krankheit, denn ein Leben auf der Waage, so Cornelia Merkel, führt immer mehr zur Isolation der Person. Sie sind mit ihrem Gewicht und Aussehen überhaupt nicht zufrieden und jedes Gramm mehr ist eine große Katastrophe. Betroffene schließen sich sogenannten „Pro-Ana"-Gruppen an. In diesen heizen sie einander gegenseitig auf, um das Gewicht immer weiter zu senken oder holen sich Tipps, um die Krankheit zu verschleiern. Solche Gruppen finden sich nicht zur zahlreich im Internet, sondern heutzutage auch schon in „WhatsApp" (vgl. www.derwesten.de, 20.10.2015).

5. Fazit

Mittels dieser Facharbeit bin ich auf die besonders bei Jugendlichen und jungen Frauen verbreitete Essstörung „Magersucht" eingegangen. Für das Entstehen einer solcher Erkrankung treten meist mehrere Faktoren in Verbund. Diesbezüglich spielen gesellschaftliche Gründe und äußerliche Einflüsse eine sehr große Rolle. Durch zahlreiche Medien wird einem der Eindruck vermittelt, dass man nur attraktiv und erfolgreich sein kann, wenn man extrem schlank ist. Besonders Jugendliche sind davon betroffen. Oftmals nehmen diese sich Models, Stars und ihr extremes Verlangen, schlank zu sein, zum Vorbild. Ebenso können aber auch familiäre Einflüsse Gründe für das Abgleiten in eine Magersucht sein. Ist der Druck, den diese auf die Betroffenen ausübt, zu groß oder werden zu hohe Erwartungen gestellt, kann dies ein ausschlaggebender Punkt sein. Unterschieden wird zwischen zwei Formen. Bei der ersten Form treibt die betroffene Person exzessiv Sport, unterwirft sich strengen Diäten, hungert und versucht den Stoffwechsel durch Rauchen anzuregen. Beim anderen Typ wird der Gewichtsverlust mittels Abführ- und harntreibenden Mitteln oder selbstinduziertes Erbrechen herbeigeführt.

Die Folgen dieser Erkrankung sind verheerend für Körper und Seele. So ziehen sich an Magersucht erkrankte Personen vollkommen zurück und vermeiden jegliche sozialen Kontakte und Interessen. Durch die Mangelversorgung an lebenswichtigen Nährstoffen leidet der Körper beispielsweise unter Immunschwäche (höhere Anfälligkeit bei Krankheiten), Herzrhythmusstörungen, Kälte und Flaumbildung. In vorangeschrittenen Stadien unterliegen die Betroffenen starken Depressionen, hinführend zu Suizidgedanken und Selbstmord. Eine Essstörung ist nicht nur ein Schlankheitstick, eine Pubertäts- oder Lebenskrise – sie ist gefährlich.

Mich persönlich hat dieses Thema sehr nachdenklich gemacht. Zu viele jungen Menschen erkranken durch den Einfluss von Medien, Model-Träumen, Zeitungen und Stars an Essstörungen. Die Gesellschaft legt zu großen Wert darauf, was andere denken und von einem halten. Zudem wird die Vorstellung, schlank zu sein, vollkommen falsch interpretiert. Es ist keinesfalls eine Schande, ein paar Kilos zu viel auf den Rippen zu haben. Schlank oder mager zu sein ist keine Luxuseigenschaft, es gibt überhaupt keinen Grund, neidisch auf Models zu sein. Denn diese Mädchen sind weit davon entfernt „schlank" zu sein, sie sind krankhaft dünn. Magersucht ist eine ernstzunehmende Erkrankung. Meiner Meinung nach sollte die Wirtschaft viel mehr darauf achten, wie sie ihre Produkte vermarktet. Modische Kleidung sieht auch an normalgewichtigen Models gut aus. Dazu braucht es kein „Klappergestell". Das ist eine von vielen Möglichkeiten, diese Erkrankung zu stoppen oder zumindest die Erkrankungsrate zu reduzieren. Zu viele junge und auch ältere Menschen sterben an den Folgen dieser schrecklichen Krankheit.

6. Literaturverzeichnis

Bartens, W. (Hrsg), Beier, H., Breidung, R., Breitkreuz, B., Claßen, R., Dietl-Fried, M., Eishold, H., Eyermann, R., Gläsmann, O., Gorden, A., Hager, K., Henß, H., Höffler, D., Hoffbauer, G., Kimming, J-M., Knöbber, D., Linke, S., Linzbach, B., Müller-Schubert, A., Niescken, A., Ott, N., Rass, H., Reuter, H., Schäuble, W., Schafberger, A., Seebeck, J., Seebeck, S. (2002): Das große Falken Gesundheitsbuch. Die besten Expertenratschläge für die ganze Familie. Bd. Band-Nr., Aufl., FALKEN Verlag, München.

CHRISTOPH-DORNIER-KLINIK (2015): Ursachen der Magersucht. Risikofaktoren/Teufelskreis der Magersucht, http://www.c-d-k.de/psychotherapie-klinik/Stoerungen/anorexie_ursachen.html, Zugriff am 20.10.2015.

Clasen, A. (2015): Magersucht (Anorexie), gesellschaftliche und familiäre Einflüsse, http://www.onmeda.de/krankheiten/magersucht-ursachen-gesellschaftliche-und-familiaere-einfluesse-1535-5.html, Zugriff am: 19.10.2015.

Delesen, P. (1997): Anorexia nervosa. Möglichkeiten und Probleme der Diagnostik, Ätiologie und Intervention. Bd. 25, Aufl., CENTAURUS-Verlagsgesellschaft, Pfaffenweiler.

Feiereis, H. (Hrsg), Drewes, C., Gandras, G., Janshen, F., Jantschek, G., Jantschek, I., Jeander, F., Maler, T., Sudau, V., Wietersheim, J., Wilke, E. (1989): Diagnostik und Therapie der Magersucht und Bulimie. Untertitel. Bd. Band-Nr., Auflage, Hans Marseille Verlag GmbH, München.

Gawlik, W. (2010): Magersucht-Online. Infektionen zu Magersucht – von Betroffenen für Betroffene, http://www.magersucht-online.de/index.php/informationen-zu-magersucht/27-symptomatik-, Zugriff am 19.10.2015.

George, C. (2015): Tiefpunkt: 42 Kilogramm. Magersucht ist viel mehr als der Wunsch schlank zu sein. Es ist ein Wahn. Die Zahl der Betroffenen nimmt drastisch zu. Schon Elfjährige leiden unter der Krankheit. In: DIE WELT, 23.10.2015, 247-43.

Gerlinghoff, M., Backmund, H. (2007): Ess-Störungen. Informationen für LehrerInnen aus dem TCE München. Bd. Band-Nr., Auflage, Beltz Verlag, Weinheim und Basel.

Mandl, H. (2014): Magersucht: Körperliche Folgen. Der starke Gewichtsverlust und die meist damit verbundene Mangelversorgung bleiben auf Dauer nicht ohne Folgen für den Organismus, http://www.apotheken-umschau.de/Magersucht/Magersucht-Koerperliche-Folgen-18890_4.html, Zugiff am: 20.10.2015

Merkel, C. (2014): Ess-Störung. Im Teufelskreis Essen und Hungern, http://www.derwesten.de/ikz/staedte/iserlohn/im-teufelskreis-essen-und-hungern-id9171761.html, Zugriff am: 20.10.2015

Hautzinger, M., Thies, E. (2009): Klinische Psychologie. Psychische Störungen. Bd. Band-Nr., 1. Auflage, Beltz Verlag, Weinheim, Basel.

Rafailovic, K., Löwe, B. (2015): psychnet. Magersucht, http://www.psychenet.de/psychische-gesundheit/informationen/magersucht.html, Zugriff am 19.10.2015

Reinecker, H. (1998): Lehrbuch der Klinischen Psychologie. Modelle psychischer Störungen. Bd. Band-Nr., 3.überarbeitete und ergänzte Auflage, Hogrefe Verlag für Psychologie, Göttingen, Bern, Toronto, Seattle.

Schön Klinik (2015): Magersucht (Anorexia Nervosa). Folgen – Psychische Folgen., http://www.schoen-kliniken.de/ptp/medizin/psyche/essstoerung/magersucht/art/02407/, Zugriff am: 20.10.2015

Zweschke, V. (2015): Gesundheitliche Folgen von Magersucht. Magersucht ist eine sehr ernste psychosomatische Erkrankung. Die fortwährende Mangelernährung sowie möglicher Medikamentenmissbrauch und Erbrechen kann folgende gesundheitliche und psychische Probleme hervorrufen, http://www.magersucht-info.de/folgen/, Zugriff am: 20.10.2015

7. Anhang

Abbildung 1: Prozentuale Entwicklung der Erkrankungsrate einer Magersucht – Siehe bitte Text:

„Der Begriff Magersucht", Seite 4

Quelle: www.psychnet.de

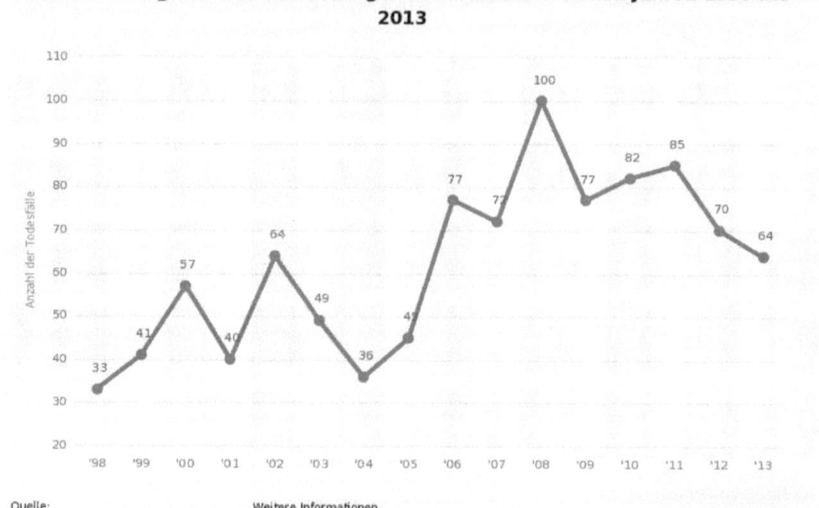

Quelle: http://de.statista.com/graphic/1/28905/todesfaelle-durch-essstoerungen.jpg

Abbildung 2: Gestörtes Selbstbild – Siehe bitte Text „Folgende Anzeichen können auf eine Erkrankung hinweisen"

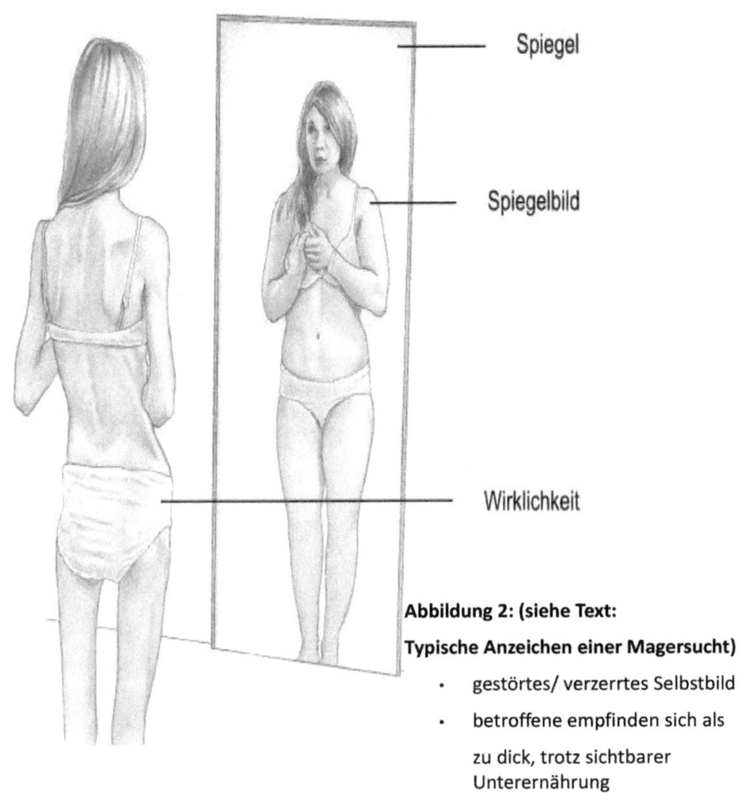

Abbildung 2: (siehe Text:

Typische Anzeichen einer Magersucht)

- gestörtes/ verzerrtes Selbstbild
- betroffene empfinden sich als
  zu dick, trotz sichtbarer
  Unterernährung

Quelle: (vgl. Ackermann, S./Feucht, J./Meier, R. (2014): eesom - Ihr Gesundheitsportal – verständlich und aktuell, http://www.google.de/imgres?imgurl=http%3A%2F%2Fwww.eesom.com %2Fgo%2F%253Faction%253DDocDownload%2526doc_id%253D15906%2526mode %253Dinline&imgrefurl=http%3A%2F%2Fwww.eesom.com%2Fgo %2F2OQ0SNKN3LQTV70QBIRQ7K5U9GBYA6OD&h=143&w=200&tbnid=EDRUghko46S_OM %3A&docid=fp9Gdgr3YeBS_M&ei=axImVveHGYW8ygOiup- YDg&tbm=isch&iact=rc&uact=3&dur=715&page=1&start=0&ndsp=23&ved=0CD8QrQMwBGoVCh MIt-m99ObQyAIVBZ5yCh0i3Qfj, Zugriff am 20.10.2015

Abbildung 3: Körperliche Folgen der Magersucht - Siehe Text: „Physische Folgen"

Körperschema-Störung, Müdigkeit, depressive Verstimmung
Haarausfall
absichtlicher Gewichtsverlust
langsames Atmen
tiefer Blutdruck
langsam schlagendes Herz, Herzrhythmus-störungen
Abnahme der Knochenstabilität
Verstopfung
Störung der Menstruation, Unfruchtbarkeit (Frau)
blaurote Verfärbung der Haut
Muskelschwäche
tiefe Körpertemperatur

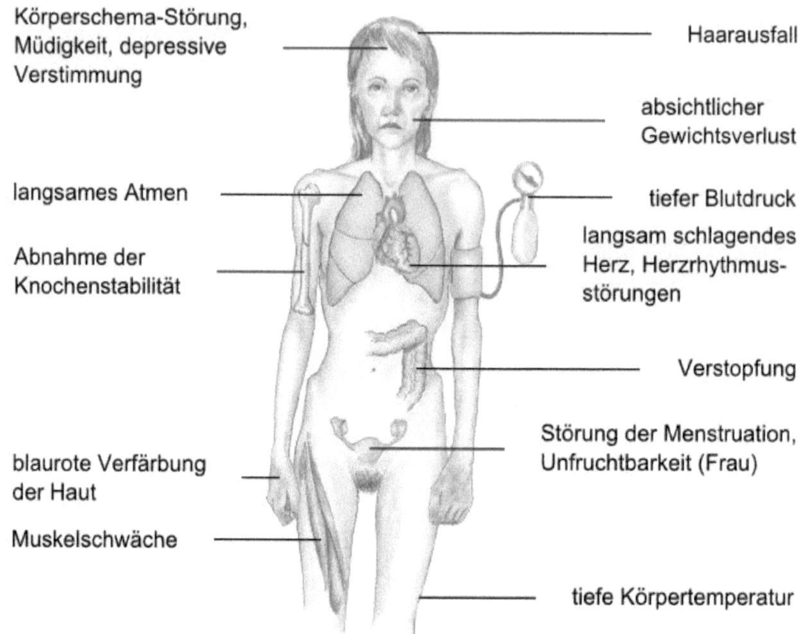

Quelle: (a.a.O)

Quelle: Informationen der vorliegenden Arbeit und dem Text (Seite 4, www.psychnet.de) entnommenen.